慢生活，早午餐

席正园·编著　梁真秸·摄影

中国纺织出版社　全国百佳图书出版单位
国家一级出版社

图书在版编目（CIP）数据

慢生活，早午餐 / 席正园编著 . -- 北京：中国纺织出版社，2018.1 （2024.4重印）

ISBN 978-7-5180-4064-3

Ⅰ . ①慢… Ⅱ . ①席… Ⅲ . ①食谱 Ⅳ .
① TS972.16

中国版本图书馆 CIP 数据核字（2017）第 231835 号

全案制作：深圳市无极文化传播有限公司（www.wujiwh.com）

责任编辑：国 帅　　　　　　　责任印制：王艳丽

中国纺织出版社出版发行
地址：北京市朝阳区百子湾东里 A407 号楼　　邮政编码：100124
销售电话：010 － 67004422　　　　　　传真：010 － 87155801
http://www.c-textilep.com
E-mail: faxing@c-textilep.com
中国纺织出版社天猫旗舰店
官方微博 http://weibo.com/2119887771
北京兰星球彩色印刷有限公司　各地新华书店经销
2018 年 1 月第 1 版　　2024年4月第2次印刷
开本：710×1000　1 / 16　印张：10
字数：104 千字　　定价：58.00元

前言

　　每一天，我们都会和食物见面，但未必每日都会因食物而感到幸福。在忙碌的工作日里，我们和时间争分夺秒，常常没有充足的时间去安排做早餐或者午餐，快捷经济的选择往往就是路口便利商店或者街边小摊子的各种小食。因此，到了难得的假日，最能打动人的除了悠闲的时光之外，大概就是那饶有趣味的早午餐了。

　　早午餐，顾名思义，即是将早餐与午餐合二为一。如今，它的概念已经在不知不觉间慢慢融入进了很多人的生活中。试想，在一个早午间，卸下一周的焦虑和疲惫，一觉睡到自然醒，阳光透过薄雾洒满屋子，早午餐的香气扑面而来，陆续聚集了一群可爱的人围坐一团，享受着和煦的暖阳，喝咖啡、谈人生、论理想，着实是一件人生乐事。在这样轻缓舒适的时光里，不急不躁，不赶时间，装不下工作，载不动纷扰，只会惊喜地发现，原来美食与故事竟然如此般配。

　　早午餐很美，既有食物的美味，又有生活的美感。《慢生活，早午餐》正是倡导这样一种简单轻松的生活理念，是作者多年来从实践出发所得的家庭料理经验和心得总结，用详尽的过程图解和到位的语言讲解各色早午餐的烹制办法。同时，本书也非常适合新手初试，循序渐进，分步详解，方法实际。书中的品种包括吐司面包、低卡轻食、营养肉食、汤粥饭面和巧口甜点，为你提供源源不断的灵感，相信读者一定能从中找到自己喜欢的料理。

　　我们希望，一书在手，无论是安静的一人食，热闹的家庭共享，还是几个朋友的轻松小聚，这些精致又美味的食谱都能让你得心应手。相信这本《慢生活，早午餐》会为读者带来全新的体验和美好的味道，开启美好的生活日常，一定会让你找到满满的成就感、幸福感！

　　偶尔，告别习惯的喧嚣和忙碌，让生活慢下来，感受早午餐，让那份别致的魅力和温暖渲染到你心底的每个角落。

目录
Contents

第三章 | 营养肉食

第四章 | 汤粥饭面

第五章 | 巧口甜点

第一章

吐司面包

马铃薯培根羊角包

用面包酥香唤醒活力

　　这是一款经典的三明治，做起来也十分简单，不但有营养，更有饱腹感，使它有着与众不同的风情，有着浪漫优雅的气氛，造就了最美好的味道，让品尝的人眉眼间都写满了惊艳。

材料

羊角面包1个

马铃薯1个

火腿2片

生菜适量

番茄半个

黄油10克

盐3克

做法

① 锅中烧开水，放入马铃薯大火煮开，煮至能用筷子轻松插入时捞起，去皮、切丁备用。

② 火腿切丁；生菜洗净；番茄洗净，切成片。

③ 热锅，放入黄油，加入马铃薯丁和火腿丁，用大火炒出香味，加盐调味。（图①、图②）

④ 将羊角面包横向切开，切勿切断，在切开的地方夹入生菜、番茄片以及炒好的火腿丁和马铃薯丁。

⑤ 用咖啡机煮一杯黑咖啡，搭配羊角包即可。（图③、图④）

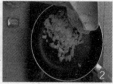

美式火腿芝士三明治

最简单却是最经典

在难得的假日里，睡到自然醒，然后不疾不徐地准备一份可口的早午餐，用天然又营养的食物来供给新陈代谢需要的能量，是善待自己也是爱自己的体现。这款火腿芝士三明治，爱的就是那面包片的酥脆和加上火腿和鸡蛋的丰腴口感。

 材料

吐司面包2片

芝士2片

美式火腿2片

鸡蛋1个

黄油10克

番茄片少许

橄榄油少许

·健康小语·

三明治营养丰富，能补充人体所需能量，是不错的充饥食品。它的膳食纤维与蛋白质、碳水化合物搭配得宜，能促进肠胃蠕动。

做法

① 取2片吐司面包，用烤面包机将吐司面包烤热。

② 在烤热的吐司面包上抹上黄油，在两片面包中间夹上火腿、芝士和番茄片。

③ 平底锅小火烧热，放入少许橄榄油，打入鸡蛋，中小火煎成太阳蛋。

④ 将太阳蛋放在夹好夹心的吐司面包上，方便食用即可。

厨房手记

这款三明治原料简单，制作时间短，而且富于营养，不仅是适合懒人的食物，更是早午餐的绝佳选择。

蟹肉黄瓜三明治

每天都来点新鲜的口味

材料

吐司面包2片

熟蟹肉棒5根

胡萝卜半根

黄瓜半根

蛋黄酱少许

黄油10克

做法

❶ 熟蟹肉棒切丝；黄瓜洗净，切片；胡萝卜洗净，切丁。

❷ 用烤面包机加热吐司，在吐司上抹上一层黄油。（图①、图②）

❸ 将蟹肉丝和胡萝卜丁混合装入碗中，加入少许蛋黄酱搅拌。（图③）

❹ 吐司上铺上黄瓜片和蟹肉胡萝卜蛋黄酱，盖上另一片面包即可。（图④）

厨房手记

　　蟹肉不可生食，购买蟹肉棒时，要注意是否属于可直接食用品种，不是的话还需要先加热至熟才可食用。

爱心鸡蛋吐司

画出生活的爱心

材料

鸡蛋1个

吐司面包1片

甜玉米适量

盐少许

植物油少许

·健康小语·

鸡蛋含有丰富的蛋白质、脂肪、卵磷脂、维生素和铁、钙、钾等人体所需要的矿物质，是极具营养价值的食品。

做法

1. 准备1片吐司面包、1个爱心形的模具。
2. 用模具在吐司片中间切出一个爱心形状，取出的心形部分待用。（图①）
3. 将切好的吐司片放入不粘锅，在镂空的爱心中滴入几滴油，倒入鸡蛋，小火慢慢煎熟。（图②、图③）
4. 在取出的心形吐司面包上抹上番茄酱。（图④）

厨房手记

　　生鸡蛋的保鲜有一定难度，有时购买较多而又存放不当时，其新鲜程度和营养成分都会受到一定的影响。建议每次购买鸡蛋的数量不必太多，可放在冰箱内保存，一般可以保鲜半个月，且需要保存的鸡蛋先不要冲洗，在准备食用前再将蛋壳清洗干净进行烹制即可。

法棍鸡蛋土豆泥

原来还可以这样吃面包

这款料理不管是看着还是吃着都十分讨喜，吃完后也许还会有一种意犹未尽的感觉，口感偏硬的法棍面包搭配细致柔软的土豆泥，还有巴旦木仁和芝麻菜的点缀，整体口感奇妙多彩，带给身心口腹足够的满足感。

·健康小语·

土豆含有大量碳水化合物以及蛋白质，还有丰富的维生素及钙、钾等矿物质，易于消化吸收，同时能供给人体热量。

材料

土豆1个

鸡蛋1个

法棍面包1根

巴旦木仁少许

芝麻菜少许

黄瓜半根

盐1克

做法

1. 法棍面包切片备用。

2. 黄瓜洗净，切片备用（图①）；土豆洗净，去皮切块。

3. 将土豆块和鸡蛋分别煮熟，鸡蛋煮熟后切成块。

4. 将土豆块、鸡蛋块和黄瓜片一起放入博朗手持式搅拌机中，加入少许盐，打成泥。（图②、图③）

5. 在面包片上放上土豆泥，在土豆泥上装点巴旦木仁和芝麻菜即可。（图④）

厨房手记

土豆块、鸡蛋块和质地爽脆的黄瓜片都不太容易捣成泥，为了更轻松便捷地享受下厨，对我来说，懂得利用适合的辅助工具很重要。博朗手持式搅拌机的搅拌效果很好，应用范围也广泛，这个时候使用最适合不过了。

★感谢博朗友情提供 MQ9087 手持式搅拌机。

自制樱桃果酱吐司

材料

樱桃150克

白砂糖30克

小柠檬1个

吐司面包2片

樱桃酵素30毫升

做法

1. 樱桃洗净后去核。（图①）

2. 用手把樱桃果肉捏碎。（图②）

3. 柠檬洗净后对切，使用柳橙机榨出柠檬汁水。（图③）

4. 把樱桃果肉、白砂糖、柠檬汁一起倒入锅中加热。（图④）

5. 中火不停搅拌，直至黏稠状即可，冷却后装进干净的密封罐。

6. 取吐司面包，抹上自制的樱桃果酱即可。

厨房手记

在切类似柠檬这样外皮较厚的水果时，我通常选择波纹刃的尖头削皮刀，因为它尖头和波纹刃的设计能够平整快速地将柠檬切开，整个过程毫不费力。

★感谢 Victorinox 瑞士维氏友情提供 Swiss Classic 多用途刀架。

奶酪大虾三明治

令人满足的层次感

材料

吐司面包2片

奶酪1片

番茄半个

黄瓜半根

生菜叶适量

南美白虾仁适量

沙拉酱少许

做法

❶ 黄瓜洗净，放入多功能食品加工机中，选取切片刀片，轻松切出你想要的黄瓜片（图①、图②）；番茄洗净，切片；生菜剥叶，洗净备用。

❷ 南美白虾仁处理干净，放入烧开的水里，煮熟后捞起备用。

❸ 将吐司面包切成长方形，取一片，放上一层食材，盖上一片面包，再放上食材，浇上沙拉酱后再盖上最上层的面包即可。（图③、图④）

厨房手记

三明治里常常需要用到切得薄而脆的黄瓜片，正巧可以用多功能食品加工机来切片，切出来的黄瓜片会整齐而漂亮哦。

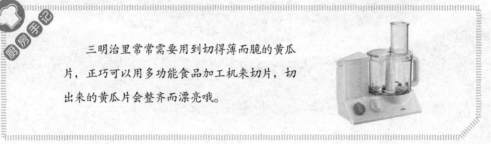

★感谢博朗友情提供 FP3010 多功能食品加工机。

烤鸡蛋面包布丁

　　它是我的心头好，既像甜品，又能果腹，顺便还能解决吃不完的面包，最重要的是，它的口感让我太惊艳。泡在鸡蛋牛奶液里的面包碎块，一番烘烤之后有一种特别的焦香口感，吃进嘴里，就像那麦田般丰收的甜蜜心情在心间发酵。

材料

小长棍面包1个

鸡蛋1个

牛奶150毫升

糖5克

黄油少许

无核葡萄干适量

威士忌少许

做法

❶ 在牛奶中加入糖，搅拌均匀后，加入打匀的鸡蛋液，继续搅拌。（图①）

❷ 面包棍切片，两面蘸上液态的黄油。（图②）

❸ 将面包片放入蛋奶液中，可用勺子压出气体，撒上葡萄干，滴上几滴威士忌。
（图③）

❹ 装入模具，放入烤箱中层，烤箱预热180摄氏度，烤25分钟至30分钟至布丁液凝固即可。（图④）

小清新水果松饼

甜滋滋的悸动

在制作这款精致的水果松饼时，我的脑海里就涌现出一个静谧美好的画面，它就安静温柔地在盘子里等待着，周围草木争相萌动，充满阳光。当有人发现它时，应是会心头一喜，忍不住带着心尖上的那点小期待品尝一下，感受松饼在口中发酵的味道，心底传来小鹿乱撞般的悸动。

·健康小语·

这款松饼搭配的水果中有蓝莓，蓝莓含有丰富的花青素，可以保护眼睛、抗氧化、减缓衰老、增强自身免疫力等。

材料

蛋糕粉100克	玉米淀粉10克
鸡蛋1个	蜂蜜少许
白砂糖10克	芝士1片
牛奶70毫升	蓝莓适量
橄榄油10毫升	猕猴桃1个
盐1克	巧克力豆少许
泡打粉3克	

做法

❶ 按所有材料配比（蜂蜜、巧克力豆、蓝莓、猕猴桃除外），把蛋糕粉、白砂糖、盐、泡打粉、玉米淀粉一起装入大碗中，打入鸡蛋、倒入牛奶、橄榄油，以及芝士片。（图①）

❷ 用手持式打蛋器搅拌均匀至没有颗粒，常温放置10分钟，让泡打粉发生反应。（图②）

❸ 用中火加热不粘锅，在不粘锅中央舀入1勺面糊，使其形成圆形，在表面出现大气泡时翻面，翻面再煎10多秒即可出锅。（图③、图④）

❹ 煎完饼，把它们叠起来装盘，搭配各种水果，吃的时候淋上少许蜂蜜或装点巧克力即可。

厨房手记

想要轻松制作出出色的烘焙食品和甜点，可用博朗手持式打蛋器来帮忙。不管你的搅拌需求是什么，配置的打蛋钩配件、揉面钩配件都能方便快捷地安装到机身上，保持相同舒适的手持位置。

★感谢博朗友情提供HM3000手持式打蛋器。

樱桃果酱松饼

慢画里飘出的樱桃香气

 材料

蛋糕粉100克	泡打粉3克
鸡蛋1个	玉米淀粉10克
白砂糖10克	蜂蜜少许
牛奶70毫升	芝士1片
橄榄油10毫升	新鲜樱桃适量
盐1克	樱桃果酱少许

做法

① 按所有材料配比（蜂蜜和水果除外），把蛋糕粉、白砂糖、盐、泡打粉、玉米淀粉一起装入大碗中，打入鸡蛋，倒入牛奶、橄榄油，放入芝士片。（图①）

② 用手持式打蛋器搅拌均匀至没有颗粒，常温放置10分钟，让泡打粉发生反应。（图②）

③ 用中火加热不粘锅，在不粘锅中央舀入1勺面糊，使其形成圆形，在表面出现大气泡时翻面，翻面再煎10多秒就能出锅。（图③）

④ 煎完饼，每一层都抹上樱桃果酱，叠起来装盘，放上新鲜樱桃装饰，吃的时候淋上少许蜂蜜即可。（图④）

厨房手记

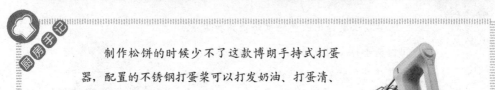

制作松饼的时候少不了这款博朗手持式打蛋器，配置的不锈钢打蛋桨可以打发奶油、打蛋清、搅拌蛋糕、松饼或自制甜点，同时，还有不锈钢揉面桨，可以制作发酵面团或面包面团。

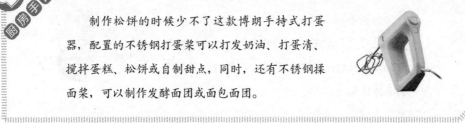

★感谢博朗友情提供HM3000手持式打蛋器。

早安三明治

用美食向你说早安

很多时候，美食的意义就在于学着自己动手做，赋予它一个美好的期许。看着食材从最原始的模样，通过自己的双手被挑选、被制作，这其中哪怕是一份小小的用心，也会带来手作的温度和幸福感，这样的美食会让时光变得更温柔、更丰富。

材料

吐司面包1片

奶酪片1~2片

脆皮肠适量

橄榄油少许

 做法

❶ 将面包片加热，沿对角线切开；准备1~2片奶酪片。

❷ 取平底锅，锅中放入少许橄榄油，烧热，随后放入脆皮肠，稍加煎制即可。

❸ 将吐司面包、奶酪片和脆皮肠装盘即可。

奶酪虾仁吐司片

一口咬进所有美味

我们的生活里一定都曾出现过它的味道，这个看起来做法简单又平常的吐司，当某天出现在我们的闲适的餐桌上，其实它也是有着别致的魅力的。

材料

吐司面包1片

奶酪2个

甜玉米适量

青豆适量

胡萝卜丁适量

虾仁适量

番茄酱少许

橄榄油适量

做法

 锅中放入橄榄油，将甜玉米、青豆、胡萝卜丁、虾仁一起翻炒熟。

❷ 吐司面包上面铺上炒熟的甜玉米、青豆、胡萝卜丁、虾仁，涂抹几勺番茄酱。

❸ 吐司面包上铺上奶酪，放在微波炉中加热2分钟，奶酪融化即可。

牛油果吐司

提升面包的质感和香气

材料

吐司面包2片

牛油果1个

培根2片

奶酪片2片

·健康小语·

牛油果的成熟果肉呈黄绿色，柔软似乳酪，含多种维生素、丰富的脂肪和蛋白质，具有降低胆固醇、美容护肤等功效。

做法

① 牛油果对半切开，用勺子挖出果肉。（图①）

② 将挖出的果肉放入搅拌杯中，启动开关，打成牛油果酱，待用。（图②）

③ 将吐司面包放入烤面包机中烘烤片刻（图③），取出后沿对角线切开。

④ 在吐司面包上涂抹牛油果酱，放上培根片和奶酪片，盖上一层面包，再另外放上培根片和奶酪片以及涂抹一层果酱，盖上最后一层面包即可。（图④）

厨房手记

　　购买牛油果时，要挑选软硬适中，感觉刚好可以按得动，果肉呈嫩嫩的黄绿色的，那是牛油果最适合食用的状态。牛油果切开后必须趁着新鲜吃，否则很快氧化变黑。

南瓜吐司

香甜柔软的幸福烘焙

假日里充斥着慵懒的气氛，懒洋洋地踱步至厨房，忍不住想要快点瞧瞧亲手制作的面包是否已经成形了？然后静下心来，仔细咀嚼，每一口似乎还浮泛着南瓜的淡香，仿佛是对自己劳动的鼓励。南瓜特色鲜明，把它加入到面包中，不仅提升营养价值，更丰富了面包的口感，令你回味无穷。

·健康小语·

南瓜内含有丰富的维生素、果胶以及人体所需的多种氨基酸，常食可以保护胃肠道黏膜，降血糖和血压，美容护肤等。

材料

面包粉250克	干酵母3克
南瓜145克	鸡蛋2个
糖40克	牛奶20毫升
盐4克	初榨橄榄油38克

做法

❶ 南瓜去皮切块。（图①）

❷ 将材料分别称重，备用。（图②～图④）

❸ 将蒸熟的南瓜块放入料理机中，捣成南瓜泥。（图⑤）

❹ 用刷子在自动面包机的内桶轻轻刷上一层油。（图⑥）

❺ 将鸡蛋打入自动面包机内桶，随即放入面包粉、糖、盐、干酵母和牛奶待用。
（图⑦）

❻ 放入捣好的南瓜泥，加入适量初榨橄榄油。（图⑧、图⑨）

❼ 开启自动面包机，设定时间，二次搅拌，二次发酵，开始烘烤。（图⑩）

❽ 待烘烤结束后，将自动面包机的内桶提出，将烤好的面包倒出，用刀切成片即
可。（图⑪、图⑫）

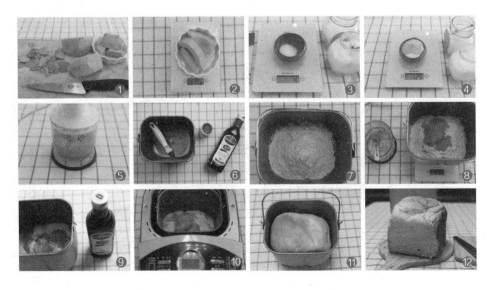

★ 感谢 HOLA 特力和乐友情提供进口萌萌兔餐具套组、奥尼特级初榨橄榄油。

芒果吐司片

黄灿灿的果香点缀

材料

小芒果1个

吐司面包2片

沙拉酱少许

做法

① 芒果洗净，去皮切成小块。

② 将切好的小块芒果铺在吐司面包上。

③ 在每个小块芒果上都点上少许沙拉酱即可。

第二章

低卡轻食

西柚大虾沙拉

健康轻盈又有满足感

材料

西柚1个

虾8只

熟鸡蛋1个

玉米粒适量

胡萝卜丁少许

青豆少许

橄榄油5毫升

沙拉汁7克

做法

❶ 虾去头去壳去虾线，留尾巴（图①）；西柚去皮，果肉切块（图②）；熟鸡蛋剥壳，切小块。

❷ 锅中放水烧热，放入处理过的虾汆烫，捞起沥干水备用。

❸ 另起一锅水烧热，将玉米粒、胡萝卜丁、青豆放入一起汆烫，捞起沥干水备用。

❹ 把汆熟的虾、玉米粒、胡萝卜丁、青豆和西柚、鸡蛋一起装盘，浇上橄榄油和沙拉汁，略加搅拌即可。（图③、图④）

厨房手记

对于不同的食材，选择最适合的刀具，才能发挥刀具最大的作用。我通常会选择尖头的削皮刀来处理虾和西柚。西柚的个体比虾大，因此，选择处理西柚的刀具比处理虾的刀具刀身略长。

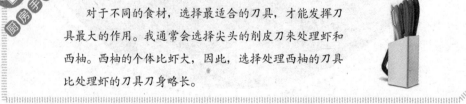

★ 感谢 Victorinox 瑞士维氏友情提供 Swiss Classic 多用途刀架。

三文鱼橙子面包沙拉

填满心灵和脾胃

材料

三文鱼100克

芝麻菜100克

小番茄5个

橙子1只

熟青豆少许

小面包1个

巴旦木仁若干颗

煎芝麻沙拉汁适量

做法

❶ 所有食材洗净备用，三文鱼去皮切丁。（图①）

❷ 将小面包切成小正方形（图②），放微波炉加热30秒，使其变硬即可。

❸ 橙子去皮，对半切开，切片备用（图③）。小番茄洗净，对切。（图④）

❹ 将芝麻菜、熟青豆、小番茄、三文鱼、面包丁、巴旦木仁、橙子片摆放好，浇上煎芝麻沙拉汁，稍加搅拌即可。

厨房手记

　　购买三文鱼时，应注意挑选鱼肉有光泽、有弹性，颜色鲜明、橘红色的。值得注意的是，三文鱼的颜色和其营养价值是成正比的，颜色越深，营养价值越高。购买后需尽快食用，以保证新鲜和营养。

紫甘蓝大虾芒果沙拉

美味与健康兼得

这一道清简素雅的早午餐料理，营养与美味兼备，工序也十分简单，省时省力又有好滋味，简单、平实、自然之中有一份平淡的快乐。

材料

紫甘蓝叶3~4片

生菜叶2~3片

芒果1个

南美白虾仁3~6只

烘煎芝麻口味沙拉汁适量

盐适量

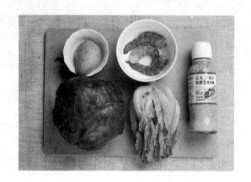

做法

① 紫甘蓝叶和生菜叶分别洗净，切丝。（图①）

② 煮开水，放盐，将切好的紫甘蓝叶丝和生菜叶丝分别放入盐开水过一遍，捞起挤干水分，待用。

③ 南美白虾仁放水里煮开捞起，对切后待用。（图②）

④ 芒果肉切块待用。（图③）

⑤ 所有材料准备好，装盘，食用的时候搭配沙拉汁即可。（图④）

厨房手记

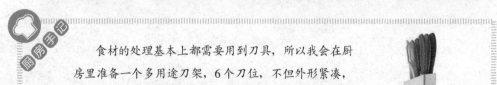
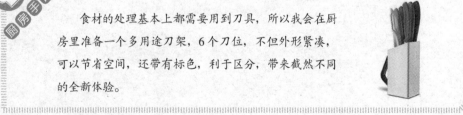

食材的处理基本上都需要用到刀具，所以我会在厨房里准备一个多用途刀架，6个刀位，不但外形紧凑，可以节省空间，还带有标色，利于区分，带来截然不同的全新体验。

★ 感谢Victorinox瑞士维氏友情提供Swiss Classic多用途刀架。

茉莉银杏烩虾仁

来自食材质朴的共鸣

在这道菜里，动点小脑筋，让几种另类的食材巧妙搭配，竟变得如此趣味盎然，闻着有一股清淡细腻的茉莉香气，真有一种把幸福尽收唇齿间的感觉，难怪可以轻而易举地俘获他的心。

 材料

干茉莉花适量

白果50克

虾仁200克

淀粉20克

青豆10克

料酒10克

色拉油8克

盐5克

鸡精3克

 做法

❶ 虾仁洗净，去壳去虾线，加水淀粉和少许盐上浆腌渍半小时；干茉莉花用水泡发待用。

❷ 锅中加色拉油烧至五成热，放入虾仁、白果、青豆翻炒至七成熟。

❸ 倒入料酒，放入茉莉花，加入盐、鸡精调味即可装盘。

秋葵虾仁

红绿相间的轻食情调

味道极为鲜美的虾仁在秋葵和胡萝卜间蛰伏，映成一幅橙红嫩绿的漂亮模样。这道菜低卡又营养，风味十足又不会过于清淡，却也不油不腻，是菜单里很受欢迎的一员哦!

材料

秋葵100克

胡萝卜100克

虾仁80克

橄榄油少许

食盐少许

料酒适量

做法

❶ 秋葵洗净，切片；胡萝卜洗净，切片；虾仁清洗干净，加入适量食盐和料酒，搅拌均匀，腌制片刻，待用。

❷ 备锅，入油烧热，放入秋葵片、胡萝卜片翻炒，随后放入腌制好的虾仁继续翻炒。

❸ 最后，调入少许食盐至入味即可。

青瓜蟹肉蒸豆腐

一道菜的双重口感

这些寻常的食材，在我们的小心思下，可以勾勒出一个与众不同的可爱模样，用筷子轻轻夹起一个，把它小心翼翼地放进嘴里，你会发现，一口一个惊喜哦。

材料

黄瓜1根	料酒10克
蟹腿50克	淀粉5克
日本豆腐1卷	盐3克
高汤30克	香油3克

做法

❶ 备好材料。黄瓜洗净，切段，用勺子在中间挖出适量黄瓜肉。（图①～图③）

❷ 将蟹钳肉挑出，备用。（图④、图⑤）

❸ 在挖空的黄瓜内填入适量日本豆腐，上面点缀蟹腿肉，放入蒸锅中，隔水蒸约6分钟。（图⑥）

❹ 取锅，加入高汤煮至沸腾，调入少许盐和料酒，而后加入少许淀粉勾芡，滴上少许香油。

❺ 最后，将煮好的汁淋在黄瓜蟹肉豆腐上即可。

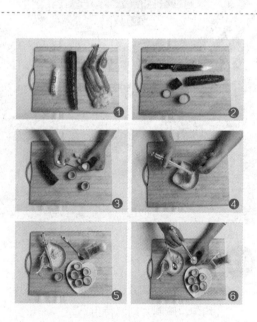

金针菇玉子豆腐

豆腐也能变缤纷

这道菜总是能在餐桌上洋溢着动人的光彩，让人看见第一眼就会不自觉地喜欢上它，味道自然清新，恰恰又做法简单，把食材的美好都尽聚其中，营养丰富，难怪让人萦绕于心，欢喜期待。

·健康小语·

金针菇不仅味道鲜美，而且有"益智菇"的美誉，常食可促进智力发育、促进新陈代谢、抗菌消炎、降低胆固醇等。

材料

新鲜金针菇100克

玉子豆腐（日本豆腐）2卷

胡萝卜20克

青豆20克

初榨橄榄油15克

盐5克

鸡精3克

淀粉3克

做法

❶ 金针菇洗净，切去顶端（图①），放入汤锅开水里汆烫一下，捞出备用（图②）；玉子豆腐切成片；胡萝卜洗净，切丝；青豆洗净，备用。

❷ 煎锅中加入少许油，放入玉子豆腐片，煎至两面略泛金黄时盛出，备用。（图③）

❸ 炒锅中再入油，加热至七成热时，放入胡萝卜丝、青豆和金针菇，翻炒。（图④）

❹ 倒入预先煎好的豆腐，调入少许盐和鸡精，淀粉勾芡，翻炒一下即可出锅。

厨房手记

首次使用前这款锅具前，需要清洗干净和充分晾干，可在锅内涂抹少许食用油。由于锅体外层为纯铜材质，铜锅导热速度快，建议使用中小火烹饪，且由于铜材料非磁性物质，电磁炉无法感应。

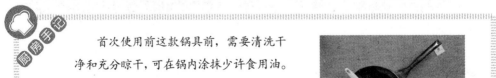

★感谢 HOLA 特力和乐友情提供 LASSAN 萝莎不锈钢系列锅具、玺悦瓷如意素餐具组。

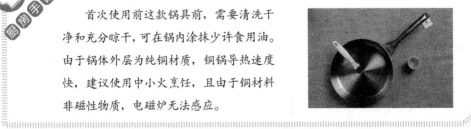

鲜虾柚子蟹味菇

材料

新鲜蟹味菇100克

鲜虾10只

柚子1片

彩椒1个

青柠1个

酱油少许

做法

❶ 蟹味菇洗净去顶端，锅中放入适量水，将蟹味菇放入水中汆煮2分钟，捞出挤干水分；鲜虾去壳去虾线，锅中放入适量水，将虾仁放入水中汆煮2分钟，捞出沥干水分。（图①）

❷ 柚子剥出果肉，待用；青柠洗净，对半切开。（图②）

❸ 将蟹味菇、虾仁、柚子肉盛在一起，调入少许酱油，搅拌均匀。（图③）

❹ 彩椒洗净后，切出一个盖头，将中间挖空（图④），装入搅拌好的菜，用青柠挤出少许汁即可。

厨房手记

蟹味菇是一种低热量、低脂肪的健康食材。挑选时菇形为规则的圆形、大小均匀的较好。烹调的方法多样也简单，可清炒、凉拌、火锅、煲汤等，特别是凉拌，菌味很足，在沸水中滚一下，时间不宜太长，即可一饱口福。

·健康小语·

蟹味菇富含维生素、氨基酸和膳食纤维，尤适宜便秘者、体弱的人群，常食有助于增强抵抗力、抗衰老、润肠通便、降低胆固醇等。

芥末金针菇

不一样的辛辣风味

芥末这玩意儿，有的人也许会接受不了它的气味，但是爱它的人却会对它那个辛辣味情有独钟。金针菇里加了芥末，使它瞬间独具特色，口味独树一帜，将久久不能散去的起床气吹得逃之夭夭了。

材料

新鲜金针菇200克

小番茄1个

橄榄油15克

盐6克

白砂糖5克

白醋20克

芥末、香葱各少许

做法

❶ 金针菇洗净去顶端，锅中放入适量水，将金针菇放入余煮2分钟，捞出挤干水分备用。

❷ 在金针菇中调入橄榄油、盐、白砂糖、白醋、芥末，搅拌均匀后放入模具中挤压按实。

❸ 将金针菇扣在盘中，四周铺上香葱碎，上面缀以小番茄即可。

三文鱼小食

细密紧韧、柔软润滑

三文鱼肉质柔软，奇异果清香沁人，小番茄酸甜爽口，它们的结合，就像在一起娓娓道来一个精致的小故事，似乎昭示着，吃了它一定能感受到故事里最打动人心的情节。

材料

奇异果1个

三文鱼150克

小番茄5个

胡椒粉3克

白葡萄酒少许

盐5克

做法

❶ 三文鱼切方块，用盐、胡椒粉、白葡萄酒腌渍。

❷ 小番茄洗净去蒂，一切为二；奇异果去皮切片。

❸ 奇异果片垫底，放上腌好的三文鱼、小番茄点缀即可。

三文鱼菠菜

慢慢打造理想的饮食生活

材料

冰冻三文鱼100克

菠菜150克

酱油15毫升

青芥末酱少许

葵瓜子仁适量

做法

❶ 菠菜洗净，锅中放水烧热，将洗净的菠菜放入，焯水后切段待用。（图①、图②）

❷ 三文鱼切成碎粒。（图③）

❸ 将处理好的菠菜段和三文鱼粒装盘，撒入适量葵瓜子仁，加入少许酱油和青芥末酱，稍加拌匀。（图④）

❹ 最后，将拌好菠菜段、三文鱼粒和葵瓜子仁装进碗中，压实后倒扣在盘上，倒出即可。

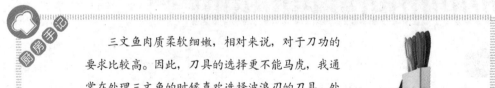
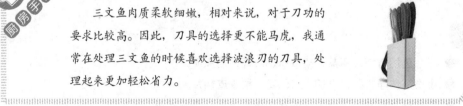

厨房手记

　　三文鱼肉质柔软细嫩，相对来说，对于刀功的要求比较高。因此，刀具的选择更不能马虎，我通常在处理三文鱼的时候喜欢选择波浪刃的刀具，处理起来更加轻松省力。

★ 感谢 Victorinox 瑞士维氏友情提供 Swiss Classic 多用途刀架。

豆苗黑木耳

 材料

豌豆苗200克

干木耳适量

枸杞子10颗

盐适量

鲜酱油适量

糖少许

香油适量

 做法

❶ 干木耳和枸杞子用水泡开，待用。

❷ 备锅，放水烧开，加入一小勺盐，关火。（图①）

❸ 将豌豆苗放入盐水中，用筷子搅动约15秒钟后捞出，沥干水，待用。（图②）

❹ 锅中的盐水继续烧开，放入泡开的木耳和枸杞子，氽烫后捞起，沥干水，待用。

❺ 将豌豆苗和木耳、枸杞子一起装盘，调入少许糖、淋上适量鲜酱油和香油，轻轻
搅拌均匀即可。（图③）

厨房手记

　　豌豆苗用来煲汤、热炒、涮锅都不失为餐桌上的上佳蔬菜，倍受广大吃
货的青睐，但它不宜保存，建议现买现食。

蒜蓉蒸粉丝娃娃菜

素食也有极致美味

娃娃菜本就清甜莹润，与粉丝一起入菜，在高温下，蒜蓉香味也迫不及待地浓郁起来，满满的一口吃进去，萦绕在舌尖的口感会带给你发现宝藏般的惊喜，为那些有它身影出现的早午间时刻增色不少。

材料

娃娃菜1棵

绿豆粉丝150克

大蒜1头

酱油5克

色拉油5克

红辣椒少许

做法

1. 娃娃菜洗净，切瓣；粉丝用冷水泡软（图①）；大蒜去皮，切末；红辣椒切小片。

2. 将娃娃菜放在开水中烫一下（图②），沥干水分后卷起摆好，把粉丝铺在娃娃菜上面，淋上少许酱油。

3. 蒸锅内烧水，待水开后，将粉丝娃娃菜放入锅中，隔水大火蒸约5分钟。

4. 坐锅烧热，倒入少许色拉油，待油烧至七成热，放入蒜蓉，翻炒5秒后关火。（图③）

5. 将爆香的蒜蓉连同锅内的油一起均匀地淋在蒸好的粉丝娃娃菜上，用红辣椒稍加点缀即可。

日式和风大学芋

妙趣横生的红薯世界

材料

红薯100克

紫薯150克

红糖75克

白糖25克

熟白芝麻适量

黑龙酱油膏适量

葵花籽油300毫升

做法

1. 红薯和紫薯分别洗净，不需要去皮，切块备用。（图①）

2. 锅内入油，中火烧至180度（用筷子下油锅测试，筷子周围起小泡的样子即可），下薯块炸至表面硬而色泽金黄，捞起过吸油纸。（图②、图③）

3. 取平底锅，将红糖和白糖小火慢熬，糖里加一勺酱油膏，直到红糖和白糖融化，用筷子测试可拉出丝即可。（图④）

4. 将炸好的薯块下入熬好的酱油糖汁里拌匀，装盘，撒上白芝麻即可。

   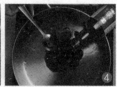

厨房手记

　　从葵花籽中提取的葵花籽油颜色金黄，澄清透明，气味清香，是一种重要的食用油。它含有丰富的亚油酸等人体必需的不饱和脂肪酸。由于葵花籽油富含营养，对人体具有多种保健功能，因此被誉为"高级营养油"。

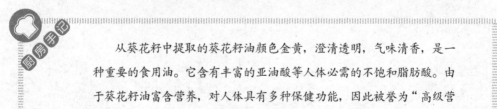

★感谢HOLA特力和乐友情提供进口满开樱粉餐具系列、意大利奥尼葵花籽油。

牛油果大虾薯片

悠然情致小零食

材料

牛油果2个　　　沙拉酱适量
黄瓜半根　　　　青芥末少许
小芒果1个　　　原味薯片适量
南美白虾仁10只

做法

❶ 牛油果对半切开，取出果肉；虾仁煮熟；黄瓜和芒果果肉切丁备用。（图①）

❷ 将牛油果肉放入搅拌机中，挤入一小勺的沙拉酱和少许的青芥末。（图②、图③）

❸ 开启手持式搅拌机，搅拌成奶油状牛油果酱。（图④、图⑤）

❹ 在牛油果酱里加入少许黄瓜丁搅拌，搅拌均匀后用勺子把牛油果酱舀到薯片上，放上虾仁和芒果肉装饰。（图⑥）

厨房手记

下厨对我来说充满了乐趣，但是常常都有艰巨的厨房任务需要完成。这款小零食操作起来很简单，就是制作奶油状牛油果酱需要费点力气，我会借助博朗手持式搅拌机来帮忙，全新的推进式伸缩刀头，可上下移动，轻松搅打多种食材。

★感谢博朗友情提供 MQ9087 手持式搅拌机。

彩虹罐子沙拉

浪漫多彩圆舞曲

材料

紫甘蓝叶2~3片	熟鸡蛋1个
黄瓜半根	小番茄适量
胡萝卜1根	火腿片适量
玉米粒25克	沙拉酱汁适量

做法

❶ 洗净胡萝卜，使用多功能食品加工机，选取切丝刀型，5秒钟完成胡萝卜切丝。（图①）

❷ 洗净紫甘蓝叶和黄瓜，使用多功能食品加工机，选取切片刀型，5秒钟完成紫甘蓝切片和黄瓜切片。（图②）

❸ 准备一个干净的玻璃瓶，从下往上，铺上胡萝卜、紫甘蓝、玉米粒、小番茄、黄瓜片、火腿片、鸡蛋，层次分明。（图③）

❹ 吃的时候，倒入沙拉酱汁即可。（图④）

 厨房手记

在不同的料理中，各种食材经常会需要切成丝状或者片状，我就喜欢用多功能食品加工机来帮忙。尤其是制作沙拉的时候，大量的蔬菜瓜果都可以轻松处理。

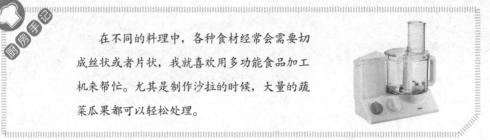

★ 感谢博朗友情提供FP3010多功能食品加工机。

白玉菇烩田园时蔬

饭桌上的田园巧思

乐趣在寻常日子里，就像这天的早午餐，缤纷而柔和，氤氲着别样的田园风味。当季的蔬菜新鲜诱人，自然不能辜负，亲手将它们摘择、洗净和烹煮，收获的不仅仅是这一道菜，更是那生活该有的样子，简单而美好。

材料

青豆50克

胡萝卜半根

白玉菇50克

彩椒1个

色拉油适量

盐2克

鸡精适量

做法

❶ 青豆洗净；胡萝卜去皮，切片；彩椒洗净，切丁；白玉菇洗净待用。

❷ 锅中放入少许色拉油，烧至七成热，倒入青豆、胡萝卜片、彩椒丁、白玉菇一起翻炒。

❸ 调入适量盐、鸡精，焖上5分钟即可出锅装盘。

凉拌芹菜黑木耳

追求美味又享瘦的饮食生活

 材料

芹菜200克

木耳20朵

香菇柴鱼液态复合调味汁

味霖液态复合调味汁

初榨橄榄油各适量

做法

① 木耳用温水泡发，撕成小朵；芹菜洗净，切段。

② 锅中烧开水，放入木耳和芹菜焯烫，盛出，过一遍冷水，待用。

③ 将适量的香菇柴鱼液态复合调味汁、味霖液态复合调味汁、初榨橄榄油调成汁。

④ 把调好的汁和木耳、芹菜一起搅拌均匀即可。

★ 感谢 HOLA 特力和乐友情提供玺悦瓷如意素餐具组、味霖液态复合调味汁。

烤麸炒莲藕

天然健康口感佳

这道菜俨然就是一款小清新，不会给身体带来过多的负担，莲藕的清脆与烤麸的绵软形成了微妙的对比，浓淡得宜，讨好味蕾之余也十分有益健康。

材料

莲藕50克

烤麸50克

黑木耳6朵

青豆适量

盐3克

色拉油5克

高汤10克

做法

❶ 莲藕洗净，去皮切片；烤麸切块；黑木耳泡发，撕成小朵备用。

❷ 锅中放入少许色拉油，烧至七成热时，倒入莲藕片、烤麸块、黑木耳、青豆翻炒。

❸ 最后，倒入2勺高汤，调入少许盐，煮开即可装盘。

第三章

营养肉食

红酒烤鸭腿

这一款烤鸭腿，带着红酒独特的香气，丝丝入扣，它有着与众不同的风情，有着浪漫优雅的气氛，造就了最美好的味道，它满足了吃货们从味蕾到饱腹的所有需求，总是诱惑力满分。

材料

鸭腿1个

猕猴桃1个

洋葱1个

大蒜片少许

黑胡椒粒适量

黄油适量

红酒1瓶

酱油少许

蜂蜜少许

做法

❶ 鸭腿洗净，用蒜片、红酒腌渍半小时（图①）；猕猴桃去皮切片备用；洋葱切丝。

❷ 锅内放入少许黄油和洋葱丝，炒出香味。（图②）

❸ 锅中烹入红酒和少许酱油，煮开后放入鸭腿再煮2分钟。（图③）

❹ 取出未全熟的鸭腿，表面刷上一层蜂蜜（图④），放入提前预热的烤箱，上下火180摄氏度烤10分钟收汁取出。

❺ 最后，将鸭腿、猕猴桃片摆盘，撒上黑胡椒粒即可。

  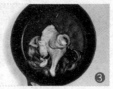 

鸡腿菇蒸翅根

意犹未尽的魔力

材料

翅根6个

鸡腿菇100克

姜片20克

白芝麻5克

淀粉3克

料酒6毫升

老抽6克

豆瓣酱10克

糖3克

做法

① 将翅根和姜片放入容器中，加入淀粉、料酒、老抽，搅拌均匀，腌制15分钟。（图①）

② 将鸡腿菇和翅根搅拌在一起，加入少许糖，抹上豆瓣酱，放入蒸锅中蒸15分钟。（图②）

③ 炒锅烧热，放入白芝麻，小火炒熟。（图③）

④ 待翅根蒸熟后，撒上少许白芝麻即可。（图④）

厨房手记

若是买到不新鲜的翅根绝对会影响这道菜的味道，因此，挑选翅根应选择外皮色泽呈米色并且富有光泽，肉质富有弹性，并有一种特殊的鸡肉鲜味的。翅根相对来说比较容易变质，购买之后要马上放入冰箱里保存。

·健康小语·

鸡腿菇含有多种具有
调节功能的维生素和
矿物元素，常食具有
提高免疫力、安神除
烦、降糖消渴等作用。

土豆泥配蜜汁鸡翅

停不下嘴的诱人风味

土豆和鸡翅在烤制中散发出诱人的香味，辘辘饥肠每分钟都在"咕咕"作响，等待着那浓郁的香味在唇齿间绽放，真是一种美好的滋味。

材料

鸡翅3个

土豆1个

糖水樱桃适量

盐5克

胡椒粉3克

料酒5克

蜂蜜适量

鸡汁少许

黄油少许

做法

① 鸡翅洗净，加入盐、胡椒粉、料酒腌渍。

② 土豆去皮、隔水蒸熟，碾成泥加入鸡汁、黄油调成土豆泥，用心形模具扣成形放在盘中。

③ 鸡翅表面抹上蜂蜜，放入提前预热的200摄氏度烤箱，上下火烤10分钟取出。

④ 最后，将鸡翅放在土豆泥上，用樱桃点缀即可。

黄金玉米烩鸡丁

蛋白质和膳食纤维兼备

橙黄色食物含有胡萝卜素，有助于保护眼睛和皮肤，有效预防癌症。橙黄色食物主要包括玉米、小麦、柠檬、南瓜、香蕉、橙子、土豆等。

材料

鸡胸肉100克

胡萝卜半根

玉米50克

青豆20克

色拉油15毫升

盐5克

 做法

① 将胡萝卜和玉米洗净切丁备用。

② 鸡胸肉切丁，备用。

③ 在锅中加入色拉油烧至七成热，将所有食材放入锅内翻炒。

④ 最后，调入适量的盐，装盘即可。

桂花冰糖猪蹄

犒赏一周的身心劳动

睁开惺忪的睡眼，慵懒的一天开始了，看见了黄澄澄的桂花冰糖猪蹄，诱人的香气便会接踵而来，溢满整个厨房，猪蹄被浓浓的酱汁包裹着，肥而不腻，常常让人觉得心头一暖，而它似乎就在得意地等着，不知道什么时候我们才会忍不住发出阵阵的赞叹呢？

·健康小语·

猪蹄中的胶原蛋白在烹调过程中可充分渗出，有效改善皮肤组织细胞的储水功能，具有美容、抗衰老的功效。

材料

猪蹄4只	橄榄油30克
干桂花1小勺	红烧酱油100毫升
姜片5片	料酒3汤勺
桂皮1块	冰糖50克
香叶5片	盐2克
葱花少许	鸡精2克

做法

❶ 备锅，加水烧开，放入猪蹄，汆烫3分钟左右，浮沫析出后，过冷水洗净备用。（图①）

❷ 炒锅中放入姜片和少许橄榄油，七成热后下桂皮、香叶和干桂花爆香。（图②、图③）

❸ 放入猪蹄，炒至焦黄。（图④、图⑤）

❹ 倒入红烧酱油、料酒，加入可以没过猪蹄的清水，大火烧开。（图⑥）

❺ 加入冰糖、盐、鸡精调味，中火炖约45分钟，大火收汁，撒上少许干桂花和葱花即可。

厨房手记

猪蹄的选购大有学问，选购猪蹄时要求其皮色泽白亮并且富有光泽，其肉色泽红润，肉质透明，质地紧密，富有弹性，用手轻轻按压一下能够很快的复原，并有一种猪肉鲜味。

土豆焖牛腩

文火炖煮下展现热情

 材料

牛腩肉300克

土豆200克

老抽10克

冰糖5克

姜片8克

盐5克

色拉油20克

料酒10毫升

做法

❶ 锅中烧开水，将整块牛腩肉放入，焯煮5分钟（图①、图②），捞出待凉后切成小块。

❷ 土豆洗净，放入水中煮10分钟（图③），取出去皮切块待用。

❸ 砂锅烧热油，放入姜片，倒入牛腩肉块、土豆块，调入料酒、老抽、冰糖，均匀上色后，加入刚好没过食材的水。

❹ 大火烧开后，继续焖30分钟，收汁后调入盐，搅拌均匀后即可装盘。

 ❶  ❷  ❸

厨房手记

　　牛腩最好趁着新鲜制作成菜，如果需要长时间保存，可把牛腩肉切成小块，用保鲜膜包裹好，放冰箱冷冻室内冷冻保存。

咖喱肉丸南瓜煲

让营养尽情释放

材料

熟肉丸4个

土豆1个

洋葱1个

胡萝卜半根

小型南瓜1个

原味咖喱块100克

色拉油少许

做法

1. 土豆、胡萝卜去皮切块；洋葱洗净，切片备用。南瓜切开，去瓜瓤瓜籽，做成盅，洗净沥干待用，多余的南瓜去皮切块。

2. 锅置火上，放入少许色拉油，放入洋葱片、南瓜块、胡萝卜块和土豆块一起煸炒，加入1000毫升水，煮沸后以小火或中火煮至锅内的材料熟软。

3. 待蔬菜煮好后放入适量咖喱块，保持小火，并不断搅拌至咖喱融化，同时下入熟肉丸，用小火炖煮，期间稍加搅拌以免糊底。

4. 待咖喱汤煮好后，用勺子舀入南瓜盅里即可。

诱人黑椒牛排

浓浓肉汁充盈唇间

牛排往往都是餐桌上的焦点所在，没有谁不喜欢烤得滋滋作响、外焦里嫩的牛排，它不只是填饱肚子，更是一种享受生活的态度。想象那浓浓肉汁充盈唇间的滋味，真是一种美滋滋的享受，难怪会一直保持着超高的人气！

材料

牛肉300克

大蒜半个

洋葱1个

黄油50克

红酒20毫升

黑胡椒粉适量

盐适量

做法

① 牛肉洗干净，切成1厘米厚的片状，用肉锤子拍松牛肉；大蒜和洋葱洗净，剁碎。

② 往牛肉上撒盐和黑胡椒粉，两面抹匀，腌制2小时。

③ 热锅放黄油，待油融化后摆好牛排，慢火煎至你想要的成熟度。

④ 大蒜和洋葱碎炒软后，加入少许清水煮开，放几滴红酒，再用盐和黑胡椒粉调味，淋到牛排上即可。

三鲜烩肉皮

怎一个鲜字了得

这道菜，营养充足，温情暖意，氤氲着浓浓的生活气息，十分适合全家人一起享用，细细品来，每一口都散发着简单本真的小滋味，每一口都蕴藏着自己对生活既温柔又细腻的喜爱，原来幸福的感觉就在这平平淡淡的寻常日子里。

·健康小语·

这道料理中用到的素鲍鱼营养价值极高，含有丰富的蛋白质，且肉质柔嫩细滑，滋味极其鲜美，为这道菜增色不少。

材料

肉皮100克	姜片适量
黑木耳20克	蒜头适量
胡萝卜片50克	淀粉10克
素鲍鱼1只	油适量
虾仁25克	料酒15毫升
白玉菇50克	盐3克
肉片50克	鸡精少许

做法

❶ 素鲍鱼切片备用；肉片加淀粉和料酒，抓匀后静置腌制。（图①、图②）

❷ 准备一个多功能健康烹饪锅，调到"烩饭"档，设定功率四档，烹调时间为30分钟。（图③）

❸ 放入蒜头和姜片，倒入油，放入肉片翻炒，随后放入肉皮、胡萝卜片、黑木耳和白玉菇。（图④、图⑤）

❹ 加入1000毫升的水，盖上锅盖。（图⑥）

❺ 待烹调时间还剩5分钟时，打开锅盖，加入虾仁和素鲍鱼片。（图⑦）

❻ 调入食盐和鸡精，待烹调时间自动完成，装碗即可。（图⑧）

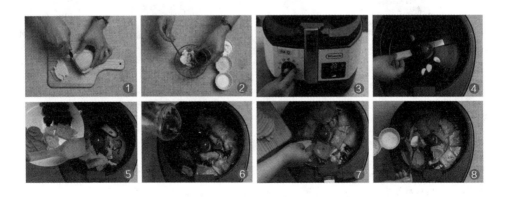

白灼南美白虾

最低调的本真鲜味

材料

南美白虾200克

葱少许

姜少许

鲜酱油适量

料酒适量

麻油适量

·健康小语·

虾的肉质肥嫩鲜美，食之既无鱼腥味，又没有骨刺，老幼皆宜，营养价值极高，易消化，能增强人体的免疫力。

做法

❶ 姜洗净，切片待用；葱洗净，打成结待用；虾洗净。

❷ 备锅，锅内倒入清水，加入姜片、葱和料酒。（图①、图②）

❸ 将水烧开，放入虾，用中火煮开3分钟即可熄火。（图③）

❹ 取一小碗，倒入鲜酱油和少许麻油，制成酱料。

❺ 将虾捞出，沥净水后装在碟中，剥壳后用酱料蘸食即可。（图④）

厨房手记

　　购买大虾时要挑选虾头青色，肚子白色，虾背透明，虾体完整，外壳清晰鲜明，虾肉紧实，身体有弹性，并且体表干燥洁净的虾。特别需要注意的是，如果虾头与壳变红、变黑，说明已经不新鲜了，则不宜购买。

芝士虎虾

散发着潮汐的灵动

材料

虎虾2只

芝士4片

柠檬半个

盐5克

罗勒叶少许

洋葱半个

做法

① 虎虾洗净，剪去须脚，用刀把背部打开，取出虾线，在虾肉上抹少许盐（图①、图②）；洋葱洗净，切丝。

② 在虾背上挤上少许柠檬汁（图③），铺上芝士和洋葱，撒上少许罗勒叶（图④）。

③ 烤箱设置200摄氏度，预热5分钟后把虾放入，烤约10分钟，待芝士化开即可取出。

厨房手记

虎虾的吃法多样，可制成多种美味佳肴。挑虎虾时应首先注意新鲜度，越生猛的越新鲜，颜色应是光亮而不灰暗，不泛白，虾头壳下应无黑点。

响油鳝丝

鲜嫩到你无法招架

材料

鳝丝500克	白糖少许
葱5克	特级初榨橄榄油10毫升
姜5克	红烧卤肉酱油膏25毫升
蒜5克	鲜辣粉或白胡椒粉少许
料酒15毫升	

做法

① 姜洗净，切丝；葱洗净，切段；蒜洗净，拍碎切末；鳝丝切段，洗净沥干水分。

② 锅中入油烧热，放入姜丝爆香。（图①、图②）

③ 把鳝丝倒入煸炒，加入料酒，炒至鳝丝软。（图③）

④ 加入酱油膏和少许糖爆炒出锅装盘，放上葱段和蒜末，撒少许鲜辣粉（白胡椒粉也可）即可。（图④）

厨房手记

餐具都那么美，叫人如何不去爱生活。Ceres 玺悦瓷的满天红餐具组完美诠释了这一极品蝴蝶兰独一无二的女王气质，红边与白底对比强烈，加上纯金描花，明艳贵气；华丽雍容的大红金色，冷艳却又不失洒脱，满天红，绝不只是一套餐具，更是仪态倾城的绝世美人。

★感谢HOLA特力和乐友情提供玺悦瓷满天红餐具组、STONE史东不粘导磁炒锅、苏州桥桂花米露。

蒜茸墨鱼仔

材料

墨鱼仔250克

粉丝小包

大蒜1个

葱段适量

橄榄油少许

料酒少许

六月鲜酱油适量

做法

① 墨鱼仔洗净，平铺在盘中，粉丝温水泡开后，装在盘中央。（图①）

② 大蒜头去皮，开启手持式搅拌机，搅成蒜蓉。（图②）

③ 平底锅中放入少许橄榄油，小火煸炒蒜蓉，炒出香味。（图③）

④ 锅里加水烧开后，放入墨鱼仔，淋上少许料酒，大火蒸7~8分钟。

⑤ 蒸熟后，倒去多余的汁水，将炒好的蒜蓉和葱花浇在墨鱼仔上，最后淋上鲜酱
油汁即可。（图④）

厨房手记

这道料理中，蒜蓉是精髓所在，打得越碎
越方便制作，传统手打会比较累，博朗手持式
搅拌机这时也能派上用处，它配备丰富配件，
功能强大，搅拌效果比手打更精细。

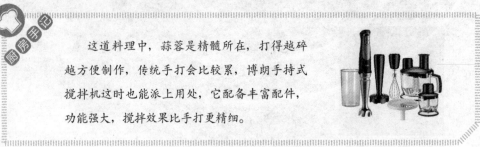

★感谢博朗友情提供 MQ9087 手持式搅拌机。

芝士焗生蚝

最适合招待客人的人气焗烤

材料

新鲜生蚝3只

洋葱1个

大蒜1个

马苏里拉芝士50克

料酒15毫升

胡椒粉5克

盐5克

黄油5克

鸡精3克

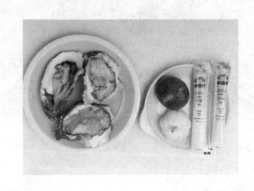

做法

① 生蚝开盖后洗净，取出生蚝肉，用料酒、胡椒粉腌制10分钟（图①）；洋葱、大蒜洗净，切碎。

② 锅内加入少许黄油，放入洋葱碎，大蒜碎、盐、鸡精炒香。（图②）

③ 将生蚝肉装进壳里，把炒好的洋葱碎和大蒜碎撒在生蚝肉上，再铺满芝士。（图③）

④ 烤箱预热后，把生蚝放入，200摄氏度上下火烤约15分钟即可。（图④）

厨房手记

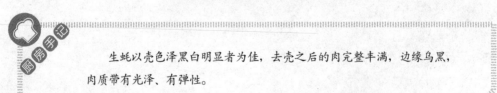

生蚝以壳色泽黑白明显者为佳，去壳之后的肉完整丰满，边缘乌黑，肉质带有光泽、有弹性。

豆豉酱爆牛蛙

香气与鲜味的双重诱惑

看起来色泽鲜艳，闻起来鲜香扑鼻，吃起来香浓美味，是对它最好的诠释，称得上是色香味俱全。每当看见这道菜热气腾腾地上桌，看着它袅袅升起的热气，香味好似随着这热气飘进心间，令人食指大动，迫不及待地想吃上一口，好吃到你无法招架。

材料

新鲜牛蛙400g	料酒3汤勺
香叶2片	初榨橄榄油适量
干辣椒少许	红烧卤肉酱油膏适量
姜片2片	黑豆酿造豆豉酱2小勺
蒜头1个	糖少许

做法

1. 热锅，倒入适量橄榄油，放入姜片、蒜头、干辣椒、香叶一起爆香。（图①）
2. 爆出香味后，倒入牛蛙，加入料酒一起爆炒。（图②）
3. 加入适量酱油膏和糖少许。（图③）
4. 加入2小勺豆豉酱调味，大火烹饪2分钟后即可装盘。（图④）

特级初榨橄榄油是指导酸度不超过0.8的橄榄油，是用橄榄鲜果在24个小时内压榨出来的纯天然果汁经油水分离制成的。

★感谢HOLA特力和乐友情提供STONE史东不粘导磁炒锅、黑龙黑豆酿造豆豉酱、黑龙红烧卤肉酱油膏。

★感谢 HOLA 特力和乐友情提供玺悦瓷满天红餐具组。

香煎三文鱼

三文鱼一直是我的最爱，如今也受到了越来越多中国人的青睐，它有着细腻的口感和丰富的营养，无论是生吃还是熟食都同样美味优质，别有一番滋味，这让我更有兴趣在它身上下功夫，希望能看到它的更多美味的一面。

材料

三文鱼100克　　柠檬1个

芝麻菜100克　　芝麻口味沙拉汁适量

彩椒2个　　　　橄榄油适量

黄瓜半根　　　　盐1克

石榴1个　　　　黑胡椒粉少许

做法

❶ 整块三文鱼去皮后，切块状，撒上盐、黑胡椒粉和橄榄油，腌制5分钟。（图①、图②）

❷ 彩椒洗净，切片备用。

❸ 黄瓜洗净，切末，在烘煎芝麻口味沙拉汁中加入黄瓜末，制成黄瓜酱备用。

❹ 锅里放少许橄榄油，放入彩椒片和三文鱼块，用中火煎至三文鱼两面变色。（图③）

❺ 装盘时，用芝麻菜、彩椒片和石榴粒稍加装饰，挤两滴柠檬汁，撒上少许黑胡椒粉，按照个人喜好蘸黄瓜酱即可。（图④）

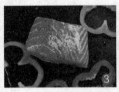

红烧鲳鱼

来自海洋的馈赠

在海鲜最肥美的季节，我们就有好口福了，鲳鱼能为你灌注能量，舒展原本沉闷停滞的身心。夹起一小撮鱼肉，沾着红烧的酱汁一起吃，每一口，都能吃进大量滋养人体的美好养分，肉质甜嫩，特别美味，吃得意犹未尽。

材料

鲳鱼1条

葱3克

姜8克

大蒜半个

红辣椒少许

料酒10毫升

盐5克

干淀粉5克

食用油7毫升

酱油少许

白糖少许

做法

❶ 鱼去除鳃和内脏，洗净后在鱼身上用刀划上几道，用料酒和少许盐腌30分钟，用干淀粉将鱼身扑满，待用；葱洗净，切段；姜洗净，切片；大蒜洗净，切末。

❷ 锅中入油，烧至七成热，放入鲳鱼，炸至七分熟盛出。

❸ 锅中留少量油，放入葱、姜和蒜末爆香，再放入鲳鱼，调入酱油和白糖，最后加适量水，收汁即可起锅。

鲳鱼体形近菱形，扁侧，口小，背部青灰色，体两侧银白色，上市在5～10月间，其中以6～7月产的品质最好，数量最多。

鲫鱼炖豆腐

在舌尖绽放的鲜美之味

如果说要给鲫鱼寻一个好伴侣，我觉得豆腐真的非常合适，鱼肉鲜嫩，豆腐滑爽，它们聚在一起，仿若有一种神奇的魔法。我相信，待到锅盖一揭，透过匆匆往上冒的浓浓热气，首先映入眼帘的鲜白鱼汤会让你瞬间相信了这种魔法。

材料

鲫鱼1条

老豆腐1块

姜3片

葱3段

食用油5毫升

盐5克

胡椒粉3克

料酒3毫升

鸡精2克

做法

① 鲫鱼去鳃和内脏后洗净，沥干水分；豆腐切成1厘米厚的小块待用。

② 锅烧热，放入少量油，将鲫鱼放入，煎至两面呈金黄色。

③ 加入料酒、葱、姜，倒入约5大碗水，加盖，烧开后转小火，煲40分钟。

④ 加入豆腐，再煮大约5分钟，加盐、胡椒粉、鸡精调味即可。

酸菜金线鱼

 酸酸辣辣才够味

倘若近来你胃口不算佳，就一定会想念香气四溢的它，慢慢煮出连汤底都够味儿的酸爽，端上桌的瞬间轻松迷倒众人，让久违的胃口大开，让早午间时分回荡着此起彼伏的称赞声。

材料

金线鱼1条

酸菜50克

黄瓜半根

大蒜半个

花椒3克

橄榄油5毫升

料酒3毫升

盐3克

做法

❶ 金线鱼去除鳃和内脏，洗净后在鱼身上用刀划上几道，加入料酒和盐腌制10分钟；黄瓜洗净，切片。

❷ 锅中入油，烧至七成热，将金线鱼放入，煎至两面金黄，约五分熟时取出。

❸ 锅中留少量油，放入大蒜和花椒爆香，放入少许酸菜一起翻炒，倒入一大碗水。

❹ 水烧开后，加入煎好的鱼一起煮，大火煮约10分钟。

❺ 最后，放入黄瓜片，调入少许盐即可。

清蒸黑虎斑

原汁原味营养不流失

这道菜做得好吃的秘籍就是保证食材的新鲜，那样就可以回归食材的真味，不必放很多的佐料，简简单单就可以蒸出甘甜的汤汁，保证吃到的朋友们都会忍不住竖起大拇指，给你一个大大的赞。

材料

黑虎斑1条

葱适量

姜适量

料酒少许

蒸鱼豉油适量

橄榄油5毫升

做法

1. 黑虎斑去鳃和内脏，洗净后在鱼身两面剞直刀；葱洗净，切成段；姜洗净，切片。
2. 将鱼平放在葱段和姜片上，倒入少许料酒。（图①、图②）
3. 锅里加水，烧开后将鱼放入，大火蒸6~8分钟后取出。
4. 取出后，倒去多余的汤汁，浇上适量蒸鱼豉油和烧热后的橄榄油即可。（图③）

清蒸鲳鱼

回归食材的纯粹

清蒸，是对食材本味的提炼与升华，蒸出那令人无法抗拒的鲜香，吃鱼就是要吃鲜的，吃实在的，吃它最好的状态，让我们期待这味蕾的惊艳之旅即将启程。

材料

鲳鱼1条

葱5克

柠檬半个

干辣椒少许

料酒少许

蒸鱼豉油20毫升

橄榄油8毫升

做法

① 鲳鱼去鳃和内脏，洗净后在鱼身两面剞直刀；葱洗净，切丝；柠檬洗净，切小块；干辣椒洗净，切小圈。

② 将鱼平放在盘子上，倒入适量橄榄油、蒸鱼豉油和料酒。

③ 将柠檬块的汁均匀挤到鱼身上，铺上少许葱丝和干辣椒圈。

④ 备锅，锅里加水，烧开后将装好鱼的盘子放上，用大火蒸约8分钟后取出即可。

汤粥饭面

莲藕菌菇瘦肉汤

慢熬细炖的汤汤水水

 材料

莲藕1节

瘦肉100克

菌菇适量

盐5克

料酒7毫升

葱花2克

味精适量

·健康小语·

莲藕，微甜而脆，食用价值高，是上好的食品和滋补佳珍。具体功效有：强健胃黏膜、改善肠胃功能、预防贫血等。

做法

❶ 莲藕去皮，切成小块备用；瘦肉洗净切块备用。

❷ 瘦肉块放入锅里，加适量清水，煮开后撇去浮沫。

❸ 焯过水的瘦肉块、莲藕块、菌菇放进锅里，加入水、料酒，大火煮开后，小火煲1小时，加入少许盐、味精调味，撒上葱花即可。

番茄苹果小排汤

说不出的美妙满足

我认为，汤水是最能表达内心深处的温情暖意的，而汤汤水水中的内容也是很值得考究的。这一碗汤，别出心裁地放了水果，口感清爽鲜甜，饶有新意。端上这一碗汤水，心里对对方的关怀和照料自然不言而喻了。

材料

小排200克

苹果1个

小番茄100克

盐7克

鸡精5克

料酒10毫升

做法

❶ 苹果去皮切成小块，小番茄洗净对切，小排洗净切块备用。

❷ 小排放入锅里，加适量清水，煮开后焯水。

❸ 将焯过水的小排和苹果块、小番茄放在一起，加水、料酒，大火煮开后，小火煲1小时。

❹ 最后，加入少许盐、鸡精调味即可。

菊花乌鸡补血汤

幸福的绝活儿

这是一道材料经济、操作简单的汤品。在炖乌鸡汤的时候加入菊花，以花入菜，使补血汤清新淡雅，而且菊花气味清新，具有温中益气的特点。乌鸡肉营养丰富、易吸收，可以补髓填精，两者搭配具有补虚强体的功效，尤其适用于贫血、疲倦乏力等症。

材料

乌鸡1只

干菊花10朵

红枣20个

姜2片

料酒10毫升

盐5克

做法

1. 干菊花用温水浸透；红枣洗净，待用；姜洗净，切片待用；乌鸡清理干净。
2. 备锅，倒入清水，煮沸后将乌鸡放入，5分钟后撇去浮沫。
3. 加入红枣和菊花继续用大火煮开，烹入料酒，转小火慢炖2小时。
4. 最后，起锅前调入少许盐即可。

厨房手记

保存乌鸡的方法有很多，一般采用低温保存是比较合适的；从营养价值上看，乌鸡的营养远远高于普通鸡，熬汤滋补效果最佳，炖煮时建议不要用高压锅，使用砂锅文火慢炖最好。

南瓜鲜贝红枣汤

配料丰富的暖心汤品

 材料

无核红枣10克

南瓜250克

鲜贝50克

排骨250克

鹌鹑蛋8个

生姜10克

盐7克

做法

❶ 鹌鹑蛋煮熟去壳；南瓜洗净去皮切块；红枣用水泡半小时备用；生姜洗净，切成片；排骨洗净后入沸水中煮开，除去漂浮杂质。（图①）

❷ 排骨汤煮开后，放入姜片，倒入南瓜块、红枣，用大火煮开，调成小火煲1小时。（图②）

❸ 最后放入鲜贝和鹌鹑蛋，煮开后，调入适量的盐即可起锅。（图③）

  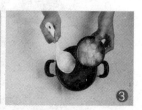

厨房手记

　　鲜贝是指新鲜大型贝壳内一块圆形肌肉，买回家后，可以用保鲜膜包住，在冰箱冷藏室可保存一两天，或冰冻保存，可保存较长时间。

娃娃菜大虾汤

把温暖都喝进肚子里

 材料

大虾6只	姜丝适量
娃娃菜1棵	盐5克
胡萝卜1根	鸡精3克
牛奶200毫升	水淀粉少许
葵花籽油5克	

 做法

① 娃娃菜洗净，切小块；胡萝卜去皮切片（图①）；虾洗净，去除虾肠备用。

② 锅中倒入少许葵花籽油，烧至七成热，倒入娃娃菜块和胡萝卜片翻炒。（图②、图③）

③ 翻炒至娃娃菜开始变软时，倒入200毫升牛奶，放入虾和姜丝同炖。（图④）

④ 待娃娃菜炖得软烂时，调入少许盐和鸡精，最后加入少许水淀粉，将汤汁收稠即可出锅。

  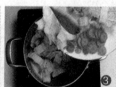 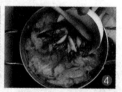

厨房手记

多功能汤锅，少油烟烹饪，厨房更清新。首次使用前这款锅具前，需要清洗干净和充分晾干，可在锅内涂抹少许食用油。由于锅体外层为纯铜材质，铜锅导热速度快，建议使用中小火烹饪，且由于铜材料非磁性物质，电磁炉无法感应。

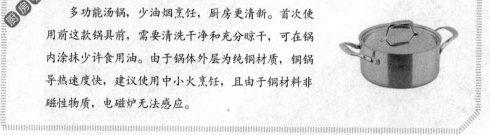

★感谢 HOLA 特力和乐友情提供 LASSAN 萝莎不锈钢双耳汤锅。

油豆腐丝瓜瘦肉汤

疗愈系的清爽汤水

材料

丝瓜1条	淀粉5克
瘦肉片50克	橄榄油适量
油豆腐适量	盐3克
料酒15毫升	调味料2克

做法

① 丝瓜去皮，使用多功能食品加工机，选取切片刀型，10秒钟完成丝瓜切片。（图①、图②）

② 瘦肉切片，加入适量淀粉和料酒，搅拌腌制片刻，待用。（图③）

③ 锅中加少许橄榄油，油烧至七分热，放入瘦肉片煸炒约1分钟后盛出。

④ 锅中再加少许橄榄油，油烧至七分热，放入丝瓜煸炒约30秒（图④），加入一碗清水，加入油豆腐以及煸炒过的瘦肉。

⑤ 大火烧开，煮约5分钟，调入少许盐、鸡精调味即可。

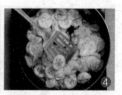

厨房手记

这是一款功能强大的多功能食品加工机。

无论是面团揉搓、食材切丝切片、研磨粉碎、

还是其他料理需求，皆可一一满足。

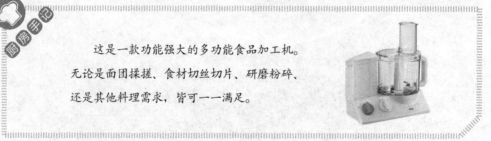

★感谢博朗友情提供FP3010多功能食品加工机。

冬瓜大骨汤

熬出细水长流的关怀

这是一款可以满足全家人胃口和味蕾的汤品，看似清简，实则滋味馥郁，碗边不小心洒出的汤水都像是熬汤人满溢的心意，细火慢炖出生活暖心的一面，常常有它相伴左右，闲适恬淡。

材料

冬瓜100克

汤骨2个

葱少许

料酒3毫升

盐5克

鸡精2克

做法

❶ 冬瓜去皮切块备用，汤骨洗净待用。

❷ 汤骨用开水煮开，放少许料酒去腥，除去浮沫，转中火煮约60分钟。

❸ 放入冬瓜块，大火煮开10分钟，调入盐和鸡精，撒上葱花即可。

法式奶油蘑菇汤

浓郁的口感萦绕舌尖

喝惯了传统的汤汤水水，偶尔换换口味，选择具有异国的风情蘑菇奶油汤也是不错的选择，它是法国菜谱之一，口味属于奶汤咸鲜。其中，制作面浆时切记要不停搅拌，使面浆均匀地化入汤中，至汤汁浓稠。

材料

蘑菇片100克

黄油10克

牛奶100克

面粉50克

洋葱碎20克

胡萝卜丁25克

青豆20克

玉米粒20克

盐5克

做法

① 将面粉炒熟炒香，在面粉中加约300毫升水，同时迅速搅拌成为酱汤备用。

② 锅里加少许黄油、洋葱碎、蘑菇片、胡萝卜丁、青豆和玉米粒，炒熟后倒入酱汤中一起煮。

③ 待蘑菇酱汤开锅后，加入牛奶，调味煮开即可。

牛肉芦笋粥

提升身体正能量

这一锅粥，可以让起床后还没活络过来的身子快速暖和起来，不但可以快速上桌也兼具味美，牛肉和芦笋更是可以为人体注入满满的元气，开启活力四射的一天！

材料

芦笋500克

牛肉200克

盐6克

生抽8毫升

料酒5毫升

淀粉5克

鸡精2克

香油少许

做法

1 牛肉切成薄片，加入料酒、生抽、盐和淀粉适量，抓匀腌制10分钟。

2 芦笋切成小段，用开水烫一下，沥干。

3 熬一锅白粥，将牛肉和芦笋放入白粥，大火滚开，加适量盐和鸡精调味，食用时加少许香油即可。

菠菜鸡肝泥粥

简单上手的富足润口

这道粥品我们都比较熟悉，但真的是不错的选择。温情治愈，记得要趁着热气暖暖下胃，滑润不腻，米香粥黏，让人填饱胃的同时，也满足身体所需，从舌尖到心脾都润润的。

材料

大米50克

猪肝100克

菠菜50克

姜适量

大蒜适量

料酒少许

盐少许

 做法

❶ 猪肝洗净，横剖开，去掉筋膜和脂肪，锅中加入水，烧开后，加少量料酒、姜片，将猪肝放在水中煮15分钟。

❷ 猪肝捞起后，剁成泥备用；菠菜洗净，切成菜末备用。

❸ 锅内加水，将洗净的大米放入，煮开后转小火，煮至大米黏稠。

❹ 菠菜末与猪肝泥同时加入白粥中，加适量盐调味后，用小火煮约5分钟即可。

莲藕玉米肉糜粥

吃得营养又健康

材料

大米50克

莲藕50克

肉糜25克

玉米粒20克

盐少许

做法

❶ 莲藕洗净，去皮切丁，备用。

❷ 大米洗净，放入锅内，加入适量的水，旺火煮开。

❸ 倒入藕丁、玉米粒和肉糜，小火炖煮约60分钟，直至粥变稠，加入少许盐调味即可。

青豆培根芋艿焖饭

粒粒分明的真实感

 材料

小芋艿3个

培根100克

大米200克

青豆50克

特级初榨橄榄油少许

盐少许

鸡精少许

 做法

① 大米洗净，加水没过大米浸泡半小时。芋艿削皮切丁，培根切小片备用。

② 中小火，铸铁珐琅锅热锅放入少许橄榄油，油热后加入芋艿丁翻炒。

③ 大米倒入锅中，调入少许盐和鸡精，加水没过所有食材，中小火焖煮15分钟左右。

④ 大米煮熟后，关火，打开锅盖加入培根片和青豆，盖上盖子闷3分钟即可食用。

★ 感谢HOLA特力和乐友情提供Amour亚莫铸铁珐琅锅。

上海菜饭

菜与饭的精彩故事

材料

大米500克	土豆1只
咸肉50克	枸杞适量
腊肠2~3根	菜籽油少许
青菜250克	鸡精少许

做法

❶ 大米洗净后浸泡30分钟；咸肉切丁；腊肠切片；青菜洗净，切碎；土豆去皮切丁；枸杞温水浸泡备用。

❷ 铸铁锅烧热，倒入少许菜籽油，放入青菜碎翻炒约1分钟，盛出待用。（图①、图②）

❸ 铸铁锅再次烧热，加入少许菜籽油，放入咸肉丁、腊肠片、土豆丁一起翻炒。（图③、图④）

❹ 将大米拌入翻炒好的材料中，加入与大米比例1:1的水，盖过所有食材，调入少许鸡精。（图⑤~图⑦）

❺ 切换煲汤模式，盖上锅盖。

❻ 约10分钟后，打开锅盖，倒入炒过的青菜碎和枸杞，翻炒均匀，盖上锅盖，继续焖煮5分钟即可。（图⑧~图⑩）

腊味双拼煲仔饭

经典的粤式米饭情结

材料

大米150克　　新鲜香菇3个

腊肠1根　　　香菇柴鱼调味汁2小勺

腊肉50克　　白砂糖适量

青菜4～5棵　　特级初榨橄榄油适量

做法

① 将大米洗净并浸泡20分钟。

② 青菜洗净；腊肠和腊肉切片；香菇洗净，对半切开。（图①）

③ 将浸泡过的大米放入内锅中，加适量水，大米和水的比例为1.5∶1，盖上内外两层锅盖，开大火焖烧5分钟。

④ 开外锅盖，将处理好的腊肠片、腊肉片、香菇块和青菜扑满内锅盖上，盖上外锅盖，中火焖煮5分钟。（图②）

⑤ 取出干净的碗，倒入2勺香菇柴鱼调味汁，在米饭上加入适量的白砂糖、橄榄油和温水，搅拌均匀，调成酱汁。关火后，再焖5分钟，揭开锅时，淋上调好的酱汁。（图③）

⑥ 食用前，可将腊肠、腊肉、香菇、青菜与米饭搅拌均匀，让米饭味道更佳。（图④）

厨房手记

使用"快炝锅"，双循环入味快，提热速度快，节能节时，保温性持久。这款锅具做煲仔饭最大好处是可以分层料理，有内外锅盖，下面煮米饭，上层可以焖肉和蔬菜。每一次使用完锅具后，需要做一下养护，清洗后无需用纸巾擦拭，加热去掉水分后，在锅内涂上一层薄薄的食用油即可。

★感谢 HOLA 特力和乐友情提供快炝锅。

海鲜焗意面

储蓄了满满的能量

这是一吃就会爱上的馥郁滋味。意大利面和海鲜在锅里随着高温一点点膨胀起来，散发的香味令人忍不住闻香而来，好不容易等到意大利面与其他海鲜的风味充分融合，便可以带着愉快的心情开动，充满朝气，像储蓄了满满的能量。

·健康小语·

众所周知，海鲜中蕴含了丰富的蛋白质，制作这道料理时加入数种海鲜，不仅可以增加意面的风味，还可以补充我们日常所需，一举两得。

材料 -

意大利面250克　　橄榄油适量

番茄1个　　　　　大蒜汁20克

虾仁6只　　　　　番茄酱25克

青贝10只　　　　　盐2克

芝士片5片　　　　糖3克

做法 -

❶ 番茄洗净，切片；青贝洗净。

❷ 将多功能健康烹饪锅调到"烩饭"档，设定功率四档，设定烹调时间为30分钟。（图①）

❸ 将番茄片放入锅中，倒入适量橄榄油。（图②）

❹ 放入意大利面，加1小勺盐，加水至与意大利面齐平。（图③）

❺ 倒入大蒜汁和番茄酱，调入一勺糖，搅拌后，关上盖子。（图④）

❻ 待烹调时间显示还剩余7分钟时，此时锅内还留有少许汤汁，按下暂停键，打开盖子，在意大利面上铺上虾仁和青贝。（图⑤、图⑥）

❼ 接着再均匀地铺上芝士片。（图⑦）

❽ 多功能健康烹饪锅切换到"披萨"档模式，设定功率2档，待烹调时间7分钟后自动完成。（图⑧）

❾ 食用时，将软化的芝士与意大利面稍加搅拌即可。

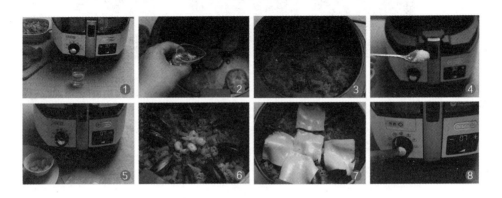

青贝奶油意面

奶汁浓郁的诱人面食

材料

青贝8个

意大利面条100克

奶炖小方2块

橄榄油适量

盐5克

罗勒叶少许

·健康小语·

青贝味略咸，可提高免疫力、补肾益精、调肝养血等，特别适合营养不良、体质虚弱的人食用。

做法

❶ 锅内加水烧开，倒入少许盐，放入意大利面条，煮至八分熟，捞起沥干水。（图①）

❷ 将青贝放入开水里过一下捞起沥干水分，待用。

❸ 另起油锅，倒入少许橄榄油，放入2块奶炖小方，加入250毫升水，把奶炖小方化开。（图②）

❹ 放入煮好的意大利面条和青贝，一起翻炒收汁，装盘时撒上少许罗勒叶即可。（图③）

厨房手记

　　青贝可以做汤，也可做菜，做法多样，味道非常鲜美，挑选时以壳面光滑、翠绿色，前半部常呈绿褐色，生长纹细密，肉肥者为佳。

土豆猪肝丁辣酱面

挑动味蕾又解馋

偶尔，希望给生活添一抹浓墨重彩的味道，选择这碗辣酱面就最合适了。咸香爽辣，诱人食欲，让人大快朵颐，哧溜哧溜吃得痛快，大满足！难怪这么久以来，它总能轻而易举地在我们的心里占据一席之地。

材料

熟猪肝30克

土豆1个

粗面100克

豆豉辣椒酱30克

盐4克

做法

① 锅中烧开水，放入土豆，大火煮开，煮至能用筷子轻松插入时捞起，去皮切丁备用；熟猪肝切丁备用。

② 另起汤锅，放入适量的豆豉辣椒酱，倒入250毫升水，加入土豆丁、猪肝丁，调入少许盐，待煮开后，装碗。

③ 另起锅，将面条煮熟，盛入煮好的猪肝土豆辣汤中即可。

第五章

巧口甜点

玫瑰红糖饮

给你爱人般的适时温暖

材料

干玫瑰花15朵

红糖50克

做法

① 将干玫瑰花，放入茶具中。
（图①）

② 电水壶里放入一块红糖，加半壶水煮开后，泡入茶具。
（图②）

厨房手记

一壶四杯，简约匠心之作，轻松享受美好时光。典雅造型外观搭配简约流线蕾丝雕花设计，质感细致做工精美。特力和乐推荐的每件产品件件具有精美的外观，优良的品质，尽显个性与品位。

★感谢HOLA特力和乐友情提供HOLA诺娜蕾丝下午茶系列茶具。

紫薯豆浆

滋养身心的平常幸福滋味

这一碗简单的豆浆，就像是一位不善言辞的老母亲小心翼翼捧来的关心，它未必会给我们浓烈的热情，但若有似无地，在我们最需要的时候，它总会陪伴在身边，这使我们的心里有了更多的回味，一如豆浆饮完后的余香，淡淡的，涩涩的。

材料

中型紫薯1个

黄豆20克

冰糖少许

做法

1. 紫薯洗净去皮，切丁；黄豆隔夜浸泡好备用。（图①）
2. 将紫薯丁和泡好的黄豆一起倒入自动豆浆机中，加入300毫升水和少许冰糖，选择五谷豆浆研磨，等待15分钟即可。（图②）
3. 过滤掉豆渣就可以直接饮用了。（图③）

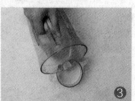

厨房手记

豆浆营养非常丰富，且易于消化吸收，四季都可饮用，它的可塑性很强，除了这款紫薯豆浆外，豆浆还有很多花样，红枣、枸杞、绿豆、百合等都可以成为豆浆的配料。

手工芝麻糊

材料

黑米30克

黑芝麻20克

糯米粉10克

绵白糖15克

做法

❶ 将黑芝麻、糯米粉、黑米放入无油无水的锅中，用中小火不断翻炒，直至发出噼啪的声音即可。（图①、图②）

❷ 将炒好的芝麻、黑米、糯米粉和绵白糖一起放入搅拌机中搅拌成粉。（图③）

❸ 将搅拌好的黑米芝麻粉倒入小锅中继续翻炒一下，防止结块。

❹ 将适量黑芝麻粉放入碗中，倒入适量的热水，边倒边搅拌，搅拌均匀即可。

厨房手记

制作芝麻糊，我一般都会提前把食材炒香，然后再搅拌成粉，因为这样可以让食材的香味更好地发挥出来，做出来的芝麻糊口感才会更香浓。

红枣牛奶热饮

喝一杯讲究的牛奶

在天稍冷的时候，毫无疑问，这款热饮通常是很多人最钟情的选择，它给生活注入一缕温暖的奶香，会给人一种浪漫、温馨的感觉，似乎有了这杯热饮，就可以和窗外的冷空气其乐融融了。

材料

牛奶400毫升

红枣8颗

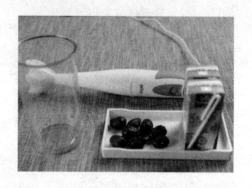

做法

① 红枣用温水泡发；牛奶加热，倒入容器中。

② 将泡发的红枣加入牛奶中（图①、图②），手持料理棒直接在容器中搅拌。（图③）

③ 直至搅拌到红枣都已打碎，倒入杯中即可。（图④）

厨房手记

个人觉得，这款红枣牛奶热饮的甜度已经足够，所以一般不再加糖，如果你喜欢更甜一点，可以根据个人口味，加入适量红糖或者蜂蜜，甚至是麦片增加口感。

石榴果醋排毒水

 材料

石榴1个

原浆米醋1瓶

冰糖适量

薄荷叶少许

做法

❶ 石榴剥粒；薄荷叶洗净。

❷ 将石榴粒和薄荷叶装入壶中，加入冰糖，倒入米醋，盖上盖子常温保存，1个月后即可兑水稀释饮用。

柠檬黄瓜水

为自己的身心充电

 材料

小黄瓜1根

柠檬1个

橘子1个

薄荷叶少许

做法

❶ 黄瓜洗净，切片；柠檬洗净，切片；橘子去皮，剥出橘子肉；薄荷叶洗净。

❷ 把黄瓜片、柠檬片、橘子肉和薄荷叶放入壶中，冲入热水，片刻之后倒入杯中即可饮用。

桂圆枸杞红枣茶

就要这样宠爱自己

材料

桂圆10个

红枣10个

枸杞子10克

红糖块少许

做法

① 桂圆肉剥出待用；红枣、枸杞子洗净待用。

② 把红枣、桂圆肉、枸杞子和红糖块放入壶中，冲入热水。

③ 待红糖融化，放置片刻至不烫口即可饮用。

猕猴桃苹果糊

轻松喝到健康小甜头

一杯之中，果香芬芳，果糊可以包容不同品种的水果，朴实的外表丝毫不能掩盖内在的丰富，它带着明朗的清甜，带着一种享受生活的写意感，口感有着隐约的妩媚，迷人且恰到好处。

材料

猕猴桃1个

苹果1个

蜂蜜少许

 做法

① 将猕猴桃去皮切块备用，苹果洗净去皮切块备用。

② 水果块加150毫升温开水，一起放入榨汁机搅拌。

③ 将搅拌好的水果糊倒入容器，加少许蜂蜜，稍加搅拌即可。

芒果柠檬冰沙

炎炎夏日的恩典

材料

小芒果1个

柠檬1个

冰块1盒

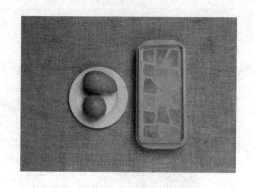

做法

❶ 芒果洗净，切开挖出果肉；柠檬洗净，去皮去籽，切成片。（图①）

❷ 取出多功能搅拌机，加入处理好的芒果肉和柠檬肉，放入冰块，启动搅拌30秒。（图②、图③）

❸ 最后，将搅拌好的冰沙倒入杯子里即可享用。（图④）

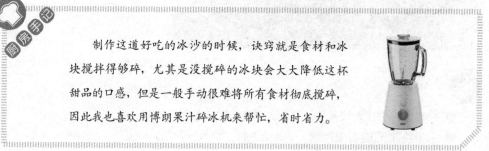

制作这道好吃的冰沙的时候，诀窍就是食材和冰块搅拌得够碎，尤其是没搅碎的冰块会大大降低这杯甜品的口感，但是一般手动很难将所有食材彻底搅碎，因此我也喜欢用博朗果汁碎冰机来帮忙，省时省力。

★ 感谢博朗友情提供 JB3060 果汁碎冰机。

樱桃酸奶

甘甜而微酸的味蕾记忆

材料

原味酸奶1杯

樱桃10颗

奶酪适量

·健康小语·

樱桃含铁量高，位于各种水果之首，既可防治缺铁性贫血，又可美容养颜、增强体质，健脑益智。

做法

❶ 樱桃洗净后去核。（图①）

❷ 将处理好的樱桃肉和原味酸奶、奶酪一起放入手持式搅拌机中，启动，搅拌10秒。（图②、图③）

❸ 最后，在杯子底部放入几颗樱桃装饰，再倒入打好的樱桃酸奶即可。（图④）

厨房手记

用博朗手持式搅拌机来制作水果酸奶真的非常合适，全新的推进式伸缩刀头能够轻易地将放入的水果充分搅拌，与酸奶充分融合。

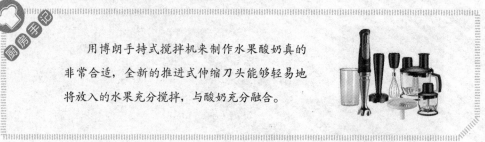

★ 感谢博朗友情提供 MQ9087 手持式搅拌机。

火龙果思慕雪

随时补充纤维素

材料

红心火龙果2个

奇异果1个

牛奶200毫升

熟南瓜子5克

葡萄干5克

即食燕麦片5克

巴旦木仁5克

熟黑芝麻5克

做法

❶ 火龙果切块，放入冰箱冷冻后取出；奇异果去皮，切片。

❷ 将火龙果块和黑芝麻放入多功能料理机搅拌杯中，倒入适量牛奶，打成细腻泥状后装盘。（图①～图③）

❸ 在打好的果泥上铺上燕麦片、巴旦木仁、葡萄干、南瓜子、奇异果片作为装饰。

厨房手记

思慕雪的主要成分是新鲜的水果或者冰冻的水果，选择火龙果作为主要食材制作出来的成品颜色鲜亮，十分诱人。如果不是很喜欢火龙果的味道，也可以选择别种水果，如法炮制即可，最好选择果肉质地较软的水果，这样打出来的思慕雪会更绵滑。

椰香牛奶布丁

食之甜而不腻

材料

牛奶100毫升

椰浆10克

琼脂10克

蜂蜜适量

做法

❶ 把琼脂、椰浆和牛奶一起放入锅中煮开。（图①）

❷ 使用手持式打蛋器搅拌，直到琼脂全部溶化开。（图②）

❸ 把牛奶椰浆液体倒入容器中冷却半小时，再加入蜂蜜一起搅拌。

❹ 将布丁放入冰箱冷藏，待凝固后，即可食用。（图③）

❺ 撒上一些可可粉，口感别有风味。（图④）

厨房手记

琼脂需要全部搅拌溶化，做出来的布丁才算成功，口感才会好。手动搅拌比较难保证效果，用博朗手持式打蛋器来将琼脂和其他食材充分搅拌，溶化的效果十分理想，制作布丁变得更简单了。

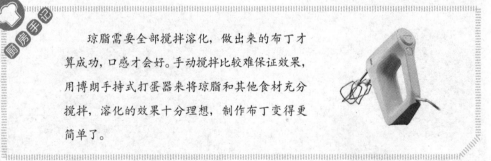

★感谢博朗友情提供HM3000手持式打蛋器。

水果布丁

如果你是偶尔喜欢新鲜玩意儿的潮流一族，那么清新自然的水果布丁一定会得到你的青睐。带着愉快的心情，轻松享用，你能在舌尖感觉到明显的润滑，馥郁而活泼的动感。

材料

黄桃1片

猕猴桃2个

小番茄5个

琼脂10克

糖少许

做法

① 猕猴桃去皮切块，取一半放入搅拌机里打成泥状。黄桃、小番茄切片待用。

② 把猕猴桃泥、琼脂、糖一起放入锅中煮开，不停地搅拌，直到琼脂全部溶化。

③ 把布丁液倒入容器，放入冰箱冷藏半小时，待凝固后，装点上水果即可食用。

红豆荔枝糖水

尝在舌尖，甜在心头

每年的六七月份，正是吃荔枝的好时节，非常适合制作一碗热呼呼的红豆荔枝糖水，尝在舌尖，甜在心头，缓缓下胃，身体很快就能感觉到暖和，是简单、快速补充能量的温心甜点。

材料

新鲜荔枝适量

红豆100克

糖适量

做法

❶ 红豆用清水洗净，浸泡2小时备用；

❷ 新鲜荔枝去壳去核留肉备用；

❸ 将泡好的红豆放入清水内，上火煮沸，转文火煲60分钟。

❹ 待红豆酥软后，调入少许糖，加入荔枝即可装碗食用。

桂花玉米糊

轻盈柔腻的治愈甜味

这是一份既满足甜食瘾又兼具营养需求的甜品，香香浓浓，热呼可口，特别是在深秋时节，还可以加入少许新鲜桂花以增加风味，虽然平实简单，却是吃不腻的好滋味。

材料

新鲜玉米棒1根

桂花糖3勺

做法

1. 将玉米棒洗净，用刀把玉米粒切下来。
2. 将玉米粒倒入自动豆浆机，加入600毫升的水。
3. 选择"米糊"，按下"启动键"，开始运作。
4. 在打好的玉米糊中加入3勺桂花糖，搅拌均匀即可。

紫薯炖银耳

从小爱吃的经典甜品

每次看到这一碗朴素的紫薯炖银耳，回忆总像倒带一般回到过去的时光。那时家里没有太多的零食，嘴馋的时候总是央求着妈妈煮上一碗，而且总是吃不腻。妈妈在轻轻地搅动着锅里的糖水，随即紫薯香味充盈着鼻腔，回忆中那个小小的人儿往往忍不住踮起脚尖看看，似乎这样可以更快品尝到。

材料

小型紫薯2个

银耳适量

冰糖少许

做法

❶ 紫薯洗净去皮切小丁备用；将银耳用温水浸泡半小时，至完全舒展开来，撕成小朵。

❷ 将银耳放入汤煲内，加水，煮开后转小火炖煮1小时。

❸ 放入紫薯和冰糖，继续煮45分钟，至紫薯熟透，汤汁黏稠即可。

香浓芝士焗南瓜

南瓜与芝士的戏法

材料

小南瓜半个

马铃薯1个

奶酪丝50克

手撕奶酪1根

香肠1根

盐少许

做法

① 土豆洗净，去皮切块；南瓜洗净，去皮切块；（图①）香肠切成丁。

② 土豆和南瓜分别隔水蒸熟。

③ 将蒸熟后的土豆放入手持式搅拌机中打成泥状（图②、图③），加入香肠丁，调入少许盐，搅拌均匀。

④ 先将拌好的土豆泥铺底，放一层南瓜块，再放一层土豆泥，放一层南瓜块，以此类推。

⑤ 在最上面铺一层奶酪丝，摆上奶酪片。（图④）

⑥ 烤箱预热200摄氏度，将铺好的南瓜块和土豆泥放入，烤15分钟至奶酪熔化变色即可出炉。

厨房手记

　　将土豆捣成细密的土豆泥，我还是会借助博朗手持式搅拌机来进行哦，这样可以省下更多的时间来制作后面的步骤，早点享用这款心爱的甜点美食。

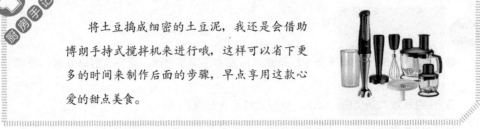

★感谢博朗友情提供 MQ9087 手持式搅拌机。

火龙果汁冰皮月饼

八月十五的小确幸

月饼，这一年一会的限定幸福小食，每到中秋前，便有许多人翘首楚盼它的身影。学着自己去做，便可以在和朋友相聚闲话家常的时刻随时将它端上餐桌，和各式茶饮也十分合拍，带着些许凉气，入口柔润绵滑，甜得刚刚好。

·健康小语·

制作月饼需要用到的糯米粉，含有蛋白质、脂肪、糖类、钙、磷、铁、及淀粉等，为温补强壮食品，具有健脾养胃、补中益气的好处。

材料

糯米粉60克	橄榄油10毫升
粘米粉40克	红薯1个
小麦淀粉30克	糖20克
火龙果原汁10毫升	水100毫升

做法

① 将糯米粉、粘米粉、小麦淀粉、火龙果原汁、橄榄油、水装在合适的容器里，可用打蛋器帮助搅拌，搅拌均匀至没有颗粒。（图①、图②）

② 上锅蒸12分钟，取出后趁热用筷子搅拌光滑，冷却后放入冰箱冷藏片刻。

③ 红薯蒸熟，去皮，压成泥；另取少许糯米粉，开小火炒熟，颜色微黄即可。（图③）

④ 将面团分成多个20克的小面团，揉圆按扁，包入红薯泥心。（图④）

⑤ 收口朝下，在面团上和月饼模具里轻轻滚一些熟糯米粉，将面团放入模具内压出造型。（图⑤）

⑥ 用刷子刷去多余的白色糯米粉，放入冰箱冷藏后口感更佳。（图⑥）

厨房手记

　　我喜欢和厨房里的各种工具打交道，搅拌蛋糕、松饼或自制甜点的时候尤其喜欢用博朗手持式打蛋器，所以这次也是用它来将制作月饼的各种食材充分搅拌，效果也是一如既往地出色，轻松省力。

★感谢博朗友情提供 HM3000 手持式打蛋器。

棉花糖黑咖啡

它很温柔很随和，会静静地陪你度过一个慵懒的适合发呆的早晨。看着杯中醇香而温和的液体缓缓升腾，雪白的棉花糖渐渐溶解，释放着来自假日的独特情怀。呷一口，浓郁的液体在口中酝酿沉淀，初而苦香充斥味蕾，慢慢又尝出一丝甜蜜，这苦涩中的甜蜜使它独居风味。

材料

咖啡豆适量

棉花糖适量

做法

① 将咖啡豆磨成细腻的咖啡粉。

② 备咖啡机，在咖啡机漏斗内放一张相匹配的过滤纸。

③ 将大约9克的咖啡粉放入过滤纸内，关好漏斗门，将大约175毫升水加入水槽，关上盖子，开启电源。

④ 煮好后倒入杯中，放几颗棉花糖到咖啡里即可。

香草咖啡

充满少女心的甜蜜一隅

咖啡与冰激凌融合在一起，会散发出奶油般醇美的香味，口感绵软、柔滑，它带来的，是一种让人陶醉、却又难以言传的美妙享受，就像一首悠扬的圆舞曲，在品尝它的人心间悄然响起，诉说着事关一种叫做幸福的东西。

材料

咖啡豆适量

香草冰激凌少许

巧克力豆少许

彩色巧克力针适量

做法

① 将咖啡豆磨成细腻的咖啡粉。

② 备咖啡机，在咖啡机漏斗内放一张相匹配的过滤纸。

③ 取适量的咖啡粉放入过滤纸内，关好漏斗门，加水入水槽，关上盖子，开启电源。

④ 煮好后倒入杯中，晾凉。

⑤ 在咖啡上挤上香草冰激凌，撒上少许巧克力豆、彩色巧克力针装饰即可。

玫瑰冰砖柠檬茶

戏剧性的感官享受

泡制这杯茶的瞬间，玫瑰花的香味弥漫开来，满室飘荡着,你会为之身心陶醉。很多时候，我们所享受的并非只是这一杯饮品那样简单，还有它所带给我们的那宁静适意的一刻。

材料

干玫瑰花若干朵

柠檬1个

蜂蜜少许

做法

1 在冰冻托盘里放入少许干玫瑰花瓣，倒入适量白开水，放入冰箱冻成冰块，待用。

2 柠檬洗净后，去籽切成块，待用。

3 将250毫升的水和干玫瑰花一起煮开，放入切好的柠檬块，煮开5分钟。

4 放凉后加入蜂蜜和冻好的冰块，搅拌即可。